Bibliografische Information der Deutschen Nationalbibliothek:

Die Deutsche Bibliothek verzeichnet diese Publikation in der Deutschen National-
bibliografie; detaillierte bibliografische Daten sind im Internet über http://dnb.d-
nb.de/ abrufbar.

Impressum:

Copyright © 2018 GRIN Verlag
Druck und Bindung: Books on Demand GmbH, Norderstedt Germany
ISBN: 9783668875272

Dieses Buch bei GRIN:

https://www.grin.com/document/455065

Jonas Sydow

Die Umweltverschmutzung der Meere durch Plastik. Inwiefern hilft das EU-Verbot von bestimmten Plastikprodukten?

GRIN Verlag

Brillat-Savarin-Schule

Buschallee 23a, 13088 Berlin

Berufliches Gymnasium

<u>Thema:</u>

Umweltverschmutzung der Meere durch Plastik

<u>Leitfrage:</u>

Inwiefern sorgt das EU-Verbot von bestimmten Plastikprodukten zu einem produktpolitischen Umdenken jener Konzerne, die diese anbieten, und kann das Ökosystem Meer dadurch gerettet werden?

Eine wissenschaftliche Hausarbeit im Fach Biologie und Wirtschaft am OSZ-Gastgewerbe als fünfte Prüfungskomponente.

Berlin, den 14.12.2018

Inhaltsverzeichnis

1 Einleitung

In dieser Facharbeit wird die sehr aktuelle und signifikante Frage, ob das Ökosystem Meer durch das neu beschlossene EU-Verbot gerettet werden kann, durch die Betrachtung verschiedener Punkte genauer analysiert. Dieses Thema betrifft dabei die gesamte Menschheit und ist deswegen ein sehr brisantes Thema für Umweltbehörden und die EU-Kommission. Zunächst wird dabei auf das Plastik eingegangen, was zum größten Teil für die Verschmutzung der Meere und der damit zusammenhängenden Verelendung von Millionen Tieren verantwortlich ist. Damit man zunächst versteht, warum gerade Plastik ein großes Problem darstellt, muss man sich sowohl die Herstellung und die Eigenschaften von Plastik, als auch die Verwendung und mögliche Entsorgungswege genauer anschauen. Das wird im Anschluss an die Einleitung aufgezeigt. Hat man dann einen ersten Eindruck von Plastik bekommen, werden die Folgen der Meeresverschmutzung verdeutlicht. Dabei liegt das Hauptaugenmerkmal auf die Tiere im Meer. Aber auch die Folgen für den Menschen werden erklärt. Um nun aufzuzeigen, wie Regierungen mit diesem Problem umgehen, wird dann das EU-Verbot erläutert und ein direkter Bezug zur Umwelt hergestellt, wodurch deutlich wird, wie wirksam das beschlossene Verbot sein kann oder auch wird. Abschließend folgt meine Meinung zu diesem Thema und eine konkrete Antwort auf die Fragestellung gegeben. Das heißt, dass sich diese Arbeit im Groben in drei Teilpunkte aufgliedert. Zu Beginn wird das Problem erklärt, danach werden die Folgen des Problems aufgezeigt und zuletzt schaut man auf die Versuche dieses Problem aufzuheben.

Allgemein ist meine Absicht mit dieser Facharbeit jedem Menschen anhand vieler verschiedener Faktoren zu verdeutlichen, dass die Meeresverschmutzung von großer Bedeutung ist und von jedem mitverursacht wird. Ich möchte dabei an die Wegwerfgesellschaft appellieren und daran erinnern, dass die Menschheit ohne eine lebenswürdige Umwelt nicht lebensfähig ist. Jeder Mensch ist von den Auswirkungen betroffen und jeder sollte sich mit diesem Problem auseinandersetzen und versuchen seine Lebensweise für die Erhaltung der Umwelt zu ändern. Auch wenn das Problem dabei sehr weit entfernt scheint, so ist es doch näher als man denkt und wird auch in Zukunft weiterhin ein Problem bleiben. Das Thema begleitet ökologische Verbände schon seit Jahrzehnten und es wird weiterhin fahrlässig damit umgegangen. Inwiefern das EU-Verbot diese Fahrlässigkeit ändern will, wird in dieser Arbeit verdeutlicht.

2 Allgemeines über Plastik

Im nachfolgenden wird das Plastik anhand verschiedener Gesichtspunkte analysiert und erläutert.

2.1 Herstellung von Plastik

Zunächst wird auf die Herstellung von Plastik eingegangen. Für die Herstellung von Plastik wird der Grundstoff Erdöl oder Kohle verwendet.[1] Bei Plastik handelt es sich auf molekularer Ebene um sehr große Moleküle, auch Polymere oder Makromoleküle genannt, welche durch die vielfache Verbindung kleinerer Moleküle, sogenannte Monomere, entstehen. [2] Es gibt drei verschiedene Verfahren, um die drei verschiedenen Plastikarten herzustellen. Sie sind somit nur synthetisch herstellbar. Man unterscheidet die Arten dabei nach bestimmten Eigenschaften. Demnach gibt es das Thermoplaste, das Duroplaste und die Elastomere. Das erste Verfahren nennt sich dabei Polymerisation. Bei diesem Verfahren brechen die Doppelbindungen zwischen Kohlenstoffatomen der Monomere auf und bilden stattdessen Einfachbindungen aus. Es verknüpfen sich zudem nur gleichartige Moleküle, sodass lineare Kettenmoleküle entstehen, welche zur Herstellung von Polyvinylchlorid oder Polypropen gebraucht werden.

Das zweite Herstellungsverfahren lautet die Polykondensation. Hierbei verknüpfen sich Moleküle mit reaktionsfähigen Gruppen, unter der Abspaltung von Wasser oder Hydrogenchlorid. Dadurch wird Polyester oder Polyamid hergestellt.

Das dritte Verfahren lautet Polyaddition, wobei zwei verschiedenartige Moleküle mit mindestens zwei funktionellen Gruppen benötigt werden. Zur Verbindung beider Moleküle werden Protonen von einem Monomer zum nächsten übertragen. Damit wird Polyurethan oder Epoxidharz hergestellt.[3] Im Allgemeinen handelt es sich bei der Herstellung von Plastik also um Verfahren, die sehr viele Monomere miteinander verbinden, um das Polymer zu bilden. Diese Polymere werden anschließend für die Weiterverarbeitung zu kunststoffhaltigen Produkten, wie zum Beispiel Plastiktüten, genutzt, wodurch die typischen Eigenschaften von Plastikprodukten entstehen.

---

1   Vgl. Ackermann, Christian (1996), S. 37
2   Vgl. Brückl, Edgar u.a. (2010), S. 306
3   Vgl. ebd. S. 308-313

2.2 Eigenschaften von Plastik

Nachdem die Herstellung genauer erläutert wurde, werden nun die Eigenschaften von Plastik dargestellt. Es gibt dabei drei Arten von Plastik. Zum Einen gibt es Thermoplaste, was die besondere Eigenschaft hat, dass es temperaturbeständig ist und bei Erwärmung weich und formbar wird.[1] Normalerweise sind Produkte aus Thermoplaste fest und nicht biegsam. Durch das Erwärmen von Thermoplaste wird dieses jedoch weich und formbar, sodass das Plastik seine Form verändern kann, welche es bei Abkühlen beibehält. Beispiele für Thermoplast-Produkte sind vor allem langlebige Produkte, wie Rohre oder Fensterrahmen.

Des Weiteren gibt es Produkte aus Duroplasten. Die besondere Eigenschaft der Duroplasten ist die hohe Beständigkeit trotz hoher Temperaturen. Sie sind somit auch hart und spröde, lassen sich aber im Gegensatz zu thermoplastischen Produkten nicht durch hohe Temperaturen verformen. Stattdessen zersetzen sich Produkte aus Duroplasten bei zu hohen Temperaturen. Produkte, welche aus Duroplaste bestehen, sind zum Beispiel Behälter, Abdeckungen oder auch Deckel.

Die Elastomere bilden die dritte große Gruppe der verschiedenen Arten von Plastik. Diese sind bei Zimmertemperatur elastisch und lassen sich somit durch mechanische Einwirkungen verformen. Beendet man die äußere Krafteinwirkung, so nimmt der Gegenstand die ursprüngliche Form wieder ein. Sie lassen sich also nur für den Zeitraum der mechanischen Einwirkung verformen. Bei zu hohen Temperaturen zersetzen sie sich, wie die Duroplast-Produkte.[2] Produkte aus Elastomere sind dabei Schwämme oder Dichtungen in Autos. Allgemein lässt sich dazu sagen, dass die Eigenschaften immer von dem Produktionsverfahren und weiteren Zugaben abhängig sind. Das bedeutet, dass man pauschal keine Eigenschaften für Plastik nennen kann, welches auf jedes Plastikteil zutrifft. Einige Eigenschaften sind allerdings sehr häufig vorhanden. So sind Produkte aus Plastik in der Regel entweder formbar oder sehr hart, bruchfest, wärmebeständig und auch gegen Chemikalien beständig. Außerdem besitzen sie oftmals eine geringere Dichte als andere Werkstoffe.[3] So entsteht auch die massive Vielfalt an verschiedenen Plastikprodukten. So gibt es zum Beispiel Polyurethan, Polypropylen, Polyvinylchlorid, Polystyrol uvm. Die Namen geben dabei oft schon einen Hinweis darauf, wo die Unterschiede der einzelnen Plastikarten liegen. Demnach enthält Polyvinylchlorid zusätzliche Chlormoleküle oder Polyurethan zusätzliche Ethangruppen.

---

1   Vgl. ebd.
2   Vgl. Brückl, Edgar u.a. (2010), S. 306f.
3   Vgl. Dr. Lippold, Björn (1997-2018)

2.3 Verwendung von Plastik

Ein weiterer wichtiger Punkt, um die Signifikanz von Plastik darzulegen, ist die Verwendung von Kunststoff. Durch die unterschiedlichen Eigenschaften lässt sich dabei darauf schließen, wie viele unterschiedliche Arbeitsbereiche auf Plastikprodukte zurückgreifen müssen. Sei es die Automobilindustrie, die Medizin, die Bauindustrie, die Lebensmittelindustrie oder die Elektroindustrie. All diese Bereiche benötigen Plastik zur Gewährleistung von Hygiene- und Sicherheitsstandards, die es in der Europäischen Union gibt. Es ist somit unerlässlich, dass zum Beispiel die Lebensmittelindustrie ihre Waren prinzipiell in Kunststoffverpackungen anbietet, um die Haltbarkeit der Produkte und den Schutz vor Bakterien zu gewährleisten. In der Medizin werden Prothesen aus Plastik hergestellt und Blut wird in Kunststoffbeuteln konserviert. Für solche Produkte gibt es momentan keine Alternativen, die genauso gut geeignet sind, da die Eigenschaften von Plastik außergewöhnlich sind. Ein Automobil, wie wir es heute kennen, würde es ohne die Verwendung von verschiedenen Kunststoffprodukten nicht geben. Ungefähr 20 % eines Automobils besteht letztendlich aus Plastik. Die Elektroindustrie benötigt Kunststoffe, um Elektrizität zu isolieren oder diese besser zu leiten. In der Bauindustrie werden ebenfalls viele Kunststoffe benötigt, wie zum Beispiel für Bauschaum, welcher ebenfalls aus Kunststoff besteht.[1] Plastik ist somit seit Jahrzehnten in sämtlichen großen Arbeitsbereichen vorherrschend und wird dementsprechend auch am häufigsten verwendet. Andere Produkte können mit dem Plastik nicht mithalten, da sie schneller kaputt gehen, rosten oder durchlässig für Bakterien sind.

2.4 mögliche Entsorgungswege von Plastik

Nun werden die möglichen Entsorgungswege von Plastikprodukten aufgezeigt. Durch die massive Benutzung und Produktion von Produkten aus Plastik, ist die Entsorgung ein sehr wichtiger Aspekt für die Ökologie, aber auch Ökonomie. Dabei gibt es verschiedene Wege, wie mit Plastikmüll umgegangen wird. Eine legitimierte Methode ist dabei das Recycling. Dabei handelt es sich um das Wiederverwerten von Rohstoffabfällen oder zumindest die Verwendung der Ausgangsmaterialien zu anderen Rohstoffen. Diese ist umweltfreundlich und effizient, da der Müll wieder benutzt wird. Zudem kann die Produktion dadurch höhere Absatzmengen erreichen, was für die Wirtschaft ein positiver Nebeneffekt ist. Das Problem an Plastikprodukten ist jedoch, dass das Recycling durch die vorhandenen Eigenschaften oftmals nicht möglich ist. Ein

---

[1]　　Vgl. ebd. S. 318f.

Beispiel, wo Plastik jedoch recycelt wird, sind die Plastikflaschen oder PET-Flaschen. Diese werden nun seit vielen Jahren mit Pfandsymbolen ausgestattet und werden durch das Pfandsystem wiederverwertet. Bei dieser Verwertung redet man von der werkstofflichen Verwertung, wobei allerdings oftmals die Qualität der Polymere verschlechtert wird.[1] Für viele andere Plastikprodukte gibt es andere Alternativen der Entsorgung, wie zum Beispiel Mülldeponien, die den Müll nach Gefährlichkeitsgrad trennen und deponieren. Dabei gibt es oberirdische oder unterirdische Mülldeponien.[2] Doch der Müll sammelt sich und so werden die Mülldeponien immer größer (und für die Vermeidung davon gibt es andere Alternativen der Entsorgung.) Es gibt zum Beispiel Müllverbrennungsanlagen. Diese Art der Verwertung nennt man die energetische Verwertung, da bei der Verbrennung Energie gewonnen wird.[3] Die Verbrennung von Plastikmüll kann jedoch zu erheblichen Folgen führen, da Gase, wie hochgiftige und cancerogene (krebserregende) Dioxine entstehen. Diese Möglichkeit bestünde zwar, aber nur wenn man sicherstellen kann, dass die entstehenden Schadstoffe absorbiert werden.[4] Die mittlerweile geläufigste Methode ist somit die Entsorgung in den Meeren und Ozeanen. Dabei werden mit Müll beladene Schiffe in die Meere hinausgeschickt, wo sie dann den Müll in die Meere kippen. Die Verschmutzung der Meere erfolgt aber auch durch Restmüll an Stränden, welches dann in die Meere gespült wird. Auch Flüsse sind von dem Plastikmüll betroffen. So sollen zum Beispiel im New York Hudson River rund 600 Kilogramm PCB enthalten sein, was giftig ist und Krebs auslösen kann.[5] Doch mittlerweile wurde ein Bakterium namens Ideonella sakaiensis 201-F6 entdeckt, welches den Stoff PET zu Terephthalsäure und Glykol abbaut, die wiederum nicht giftig für die Umwelt sind.[6] Mit dieser Entdeckung wäre es durchaus denkbar, dass das Problem mit dem Plastikabfall umweltschonend gelöst wird. Jedoch ist diese Entdeckung noch sehr neu und genauere Ideen zur Einsetzung dieses Enzyms ist noch nicht bekanntgegeben worden.

---

1   Vgl. Dr. Lippold, Björn (1997-2018)
2   Vgl. Senatsverwaltung für Umwelt, Verkehr und Umwelt:
3   Vgl. Dr. Lippold, Björn (1997-2018)
4   Vgl. Brückl, Edgar u.a. (2010), S. 323
5   Vgl. Boote, Werner (2010), S. 136f.
6   Vgl. Zeit Online (2016)

3 Meeresverschmutzung durch Plastik

Nach der allgemeinen Erläuterung zum Plastik werde ich nun die Folgen der Meeresverschmutzung durch Plastik erläutern.

Das Plastik gelangt seit Jahrzehnten täglich in die Ozeane dieser Welt. So schätzt die Meeresschutzorganisation „Oceana", dass heutzutage jede Stunde ungefähr 337 Tonnen Plastikmüll in ein Meer geworfen wird.[1] Als Beispiel lässt sich dabei die USA aufzeigen, welche jedes Jahr 6,8 Millionen Tonnen Plastik produziert, wovon aber nur rund 450.000 Tonnen recycelt werden.[2] Was mit den restlichen sechs Millionen Tonnen jährlich passiert ist unklar, jedoch liegt eine Vermutung nahe. Es gelangt in die Ozeane. Maximal zehn Prozent des weltweiten Plastiks soll auch tatsächlich recycelt werden und in der Europäischen Union sind es weniger als 30 Prozent.[34] Der Rest wird über oben genannte Wege entsorgt. Mittlerweile wird geschätzt, dass der Plastikmüll in allen Ozeanen insgesamt um die 150 Millionen Tonnen wiegen soll.[5] 2008 zeigte sich die Auswirkung dieser 150 Millionen Tonnen, da man einen riesigen Müllstrudel in einem Nordpazifikwirbel, der die Größe von Mitteleuropa haben soll, fand. Diesen nannte man „Great Pacific Garbage Patch".[6] Doch dabei handelt es sich gerade einmal um geschätzte 30% des Plastikmülls in diesem Bereich, denn es fallen etwa siebzig Prozent des gesamten Plastikabfalls auf den Meeresgrund und sind somit nicht sichtbar, wodurch die eigentlichen Ausmaßen der Verschmutzung der Meere nur unzureichend erforscht und deutlich werden.[7] Nun prognostizieren Experten bereits, dass 2050 die Masse an Plastik in den Ozeanen die Masse der Fische übertreffen wird, falls es zu keiner Reduzierung des Plastikkonsums kommt.[8]

Das Ökosystem Meer wird nun bereits seit mehreren Jahrzehnten intensiv belastet mit jeglicher Art von Plastikprodukten, wie zum Beispiel Plastikflaschen, Getränkehalter oder auch Plastiktüten, wovon einige Produkte mehrere Jahrhunderte benötigen, bis sie soweit abgebaut sind, dass sie für Menschen nicht mehr sichtbar sind.[9] Weiterhin schädlich bleiben sie in Form von Mikroplastik dennoch, was bei dem Punkt 3.1 genauer erklärt wird. Die Verschmutzung der Meere hat somit ein Ausmaß angenommen, wie es unvorstellbar ist.

---

1   Vgl. Boote, Werner (2010), S. 68
2   Vgl. ebd. S.66
3   Vgl. Gonstalla, Esther (2017), S. 96
4   Vgl. Europäische Kommission (2018): „Kommission legt europäische Plastikstrategie vor"
5   Vgl. Gonstalla, Esther (2017), S. 98
6   Vgl. Boote, Werner (2010), S. 66
7   Vgl. ebd. S.67
8   Vgl. Gonstalla, Esther (2017), S. 98
9   Vgl. Bertling, Jürgen

3.1 Probleme für die Fauna und Flora

Das Plastik im Meer hat natürlich in erster Linie verheerende Auswirkungen auf die Tiere und Pflanzen im Meer, was nun aufgezeigt wird. So sterben jedes Jahr Millionen von Fischen und andere Meeressäugetiere an Plastikteilen, die sie zuvor fraßen oder in denen sie sich verhedderten.[1] Aber auch andere Tiere, wie Vögel oder Säugetiere sterben in sehr hoher Zahl, da sie sich von den Fischen ernähren, welche die Schadstoffe des Plastiks bereits in ihrem Organismus haben. Immer öfter tauchen Videos auf, in denen operativ gezeigt wird, wie viel Plastik ein Tier im Organismus hatte. Aber auch andere dramatische Videos, in denen Schildkröten oder andere Meereslebewesen Plastikstrohhalme in ihren Nasenlöchern haben und sich quälen. Das Plastik ist eine große Qual für die Tiere in den Meeren und führt zu einem Massensterben. Immer mehr Fischarten sind vom Aussterben bedroht, was durch Kunststoff definitiv auch gefördert wird. Außer dem Sterben der Tiere, gibt es aber auch weitere, andere Auswirkungen auf die Meeresbewohner, was das Aussterben vieler Arten verstärkt. Demnach wurden Fische in Flüssen und Abwässern gefunden, in denen Phthalate und Bisphenol A, welche in Verpackungsmaterial, Kosmetika oder Spielzeug enthalten sind, massiv das Hormonsystem beeinflussten. Sie werden dabei als endokrine Disruptoren bezeichnet, da sich diese Substanzen an Stellen der Körperzellen andocken, wo sich normalerweise weibliche Hormone binden würden. Das bedeutet, dass die Hormonsysteme der männlichen Nachkommen so massiv von Phthalat und Bisphenol A beeinflusst werden, dass sie ungewöhnlich kleine Geschlechter haben und zudem oft nicht fortpflanzungsfähig sind. Hierbei ist sogar von einer Feminisierung des Tierreiches die Rede.[2] Das Entsorgen des Mülls in die Meere, Flüsse und Ozeane betrifft also nicht nur jene Fische und Meeressäugetiere, die sich darin verheddern etc., sondern eben auch die männlichen Nachkommen, was verheerende Auswirkungen auf die unterschiedlichen Populationen haben kann, da auch Raubvögel und andere Räuber betroffen sind. Es ist zusätzlich dazu nicht zwingend notwendig, dass die Populationen dabei nur im Ökosystem Meer gestört werden, sondern auch im Ökosystem Stadt. Durch den vorzeitigen Tod der Räuber durch das Plastik kommt es zu einer Überpopulation der Beutetiere. Aber auch andere Meeresbewohner wie die Korallen sind stark von der Plastikverschmutzung betroffen. Zum Einen gelangen weniger Sonnenstrahlen in die Meere, wodurch die Photosynthese von Pflanzen und den Korallen eingeschränkt ist. Zum Anderen erhöht sich das Krankheitsrisiko der Korallen enorm, da die kleinste Berührung mit dem

---

1   Vgl. Gonstalla, Esther (2017), S. 97
2   Vgl. Boote, Werner (2010), S. 131ff.

Plastik das Gewebe der Korallen schädigt, wodurch diese dann stark anfällig für Bakterien sind.[1] Das ökologische Gleichgewicht ist also prinzipiell gestört durch das Einführen des Plastiks in die Meere und Ozeane dieser Welt. Dabei sind sowohl Tiere, als auch Pflanzen stark betroffen und beeinflusst.

3.2 Folgen der Meeresverschmutzung

Die Folgen der Meeresverschmutzung durch Plastik sind somit das Sterben von Millionen Tieren, was zum Aussterben vieler Arten führt. Zudem kann es zu der schnellsten Evolution im Tierreich jemals kommen. Die Menschen bleiben von diesen Folgen nicht unberührt. So könnte Fisch komplett als Nahrungsmittel wegfallen, was zum Verlust von Millionen Arbeitsplätzen im Bereich der Fischerei weltweit kommen könnte. Das Wegfallen der Nahrung hätte natürlich somit auch einen starken ökonomischen Einfluss und würde die aktuelle Welthungerkrise nur verstärken. Der menschliche Körper bleibt ebenfalls nicht verschont. Das Mikroplastik in den Fischen wird letztendlich durch die Konsumenten von Meeresprodukten selbst aufgenommen. Die konkreten Auswirkungen sind zurzeit jedoch noch unbekannt.[2] Allerdings liegt die Vermutung nahe, dass Mikroplastik auch in unserem Hormonsystem ähnliche Auswirkungen wie bei den Meerestieren haben könnte. Beweise gibt es dafür jedoch nicht. Laut Schätzungen verursacht Plastik weltweit jährlich Umweltschäden in Höhe von mehr als elf Milliarden Euro.[3] Somit sind die Auswirkungen des Plastikmülls sowohl ökologisch, als auch ökonomisch ein großes Problem und definitiv nicht zu verachten. Wenn man dazu noch weitere Umweltverschmutzungen der Meere betrachtet, wie Ölkatastrophen oder andere Chemikalien, die ins Meer gespült werden, ist es wenig verwunderlich, dass immer mehr Meerestiere aussterben oder eine Evolution durchleben.

1   Vgl. Fischer, Linda (2018)
2   Vgl. Europäische Kommission (2018): „Kommission legt europäische Plastikstrategie vor"
3   Vgl. Ehrenstein, Claudia (2018)

4 Eindämmung des Plastikkonsums durch die EU-Kommission

Nach der Erläuterung des Problems durch die Meeresverschmutzung werde ich nun das EU-Verbot der EU-Kommission darstellen.

4.1 Erläuterung des Verbots von Plastik

Nachdem es bereits mehrere Verbote und Versuche gab den Plastikabfall einzudämmen, wurde nun ein neues Gesetz erlassen, welches ab 2021 geltend gemacht wird.[1] Es geht in diesem Verbot im Großen und Ganzen um ein konkretes Verbot von Plastikeinwegprodukten, wie Wattestäbchen, Plastikteller und auch Plastikbesteck.[2] Diese Plastikeinwegprodukte sind zum einmaligen Gebrauch bestimmt und werden danach oftmals nicht fachgerecht entsorgt, wodurch sie an Stränden zurückbleiben und ins Meer gespült werden. Die Auswahl beruht darauf, ob es günstige und vor allem umweltschonende Alternativen zu den Plastikeinwegprodukten gibt. Dafür will die EU in Forschungen von recyclingfähigerem Kunststoff und effizienteren Recyclingverfahren zusätzliche 100 Millionen Euro investieren.[3] Eine bereits bekannte und auch genutzte Alternative zu Kunststoff ist das Bioplastik, wobei der benötigte Grundstoff Erdöl durch Stärkepulver aus Kartoffeln oder Mais ersetzt wird.[4] Jedoch umfasst das Gesetz weitere Maßnahmen, die der Umwelt und vor allem das Ökosystem Meer zugute kommen sollen. Die EU-Kommission will zudem Vorschriften auf bestimmte Produkte aus Plastik einführen, die die Umweltauswirkungen und die richtige Entsorgung des Produkts kennzeichnen und verdeutlichen, damit Konsumenten umweltbewusster im Umgang mit Plastikprodukten sind. Damit die Konsumenten für die Umwelt sensibilisiert werden, werden Mitgliedsstaaten in Zukunft dazu verpflichtet, auf die negativen Auswirkungen von Einwegkunststoffprodukten einzugehen. Eine weitere Maßnahme zur Reduktion von Plastikabfall ist die Pfandsysteme der einzelnen europäischen Länder so zu verbessern, dass 90 Prozent der Einwegflaschen aus Kunststoff recycelt werden. Das soll bis zum Jahr 2025 erreicht werden. Aber auch der Hersteller von Kunststoffprodukten wird mit dem kommenden Gesetz mehr verpflichtet. Dieser soll dabei die Kosten der Abfallbewirtschaftung und die Säuberung der Umwelt decken.[5]

---

1   Vgl. Friebe, Richard; Meier, Albrecht; Neuhaus, Carla (2018)
2   Vgl. ebd.
3   Vgl. Europäische Kommission (2018): „Schutz der Meere: *Kommission will Einwegplastik-Produkte vom Markt nehmen*"
4   Vgl. Boote, Werner (2010), S. 180
5   Vgl. Europäische Kommission (2018): „Schutz der Meere: *Kommission will Einwegplastik-Produkte vom Markt nehmen*"

Abfallbewirtschaftung umschließt dabei alle Tätigkeiten, die mit dem Vermeiden, Verwerten und Beseitigen von Abfällen zusammenhängen. In diesem Fall insbesondere der Plastikabfall. Somit wird das attraktive Geschäft mit Kunststoffprodukten, bei denen europäische Plastikhersteller und -verwerter im Jahr 2008 13 Milliarden Euro erwirtschafteten, uninteressanter und vor allem teurer.[1] Das dient einer guten Abschreckung sowohl der Konzerne, als auch der Konsumenten und soll somit einerseits die Produktion von Plastik eindämmen und andererseits die Bürger dazu bewegen nachhaltig zu konsumieren, worunter man versteht, dass die Umweltbelastung für spätere Generationen weiter als zukunftsfähig angesehen wird.[2]

4.2 Konzern- und Marktauswirkung am Beispiel der REWE-Group

Um zu verdeutlichen, welchen Einfluss das Verbot nun auf einzelne Konzerne hat, werde ich am Beispiel der REWE-Group die Auswirkungen des Verbots von Plastikprodukten genauer erläutern und die Folgen analysieren. Die REWE-Group ist dabei ein Unternehmen, welches einer der führenden Handels- und Touristikunternehmen in Europa ist.[3] In über 16 Ländern arbeiten mehr als 300.000 Mitarbeiter für die REWE-Group und erwirtschafteten 2009 einen Umsatz von 53 Milliarden Euro. Zu der REWE-Group gehören neben den Lebensmittelhandelsunternehmen, wie Rewe oder Penny, auch Fachmärkte für Heimwerkerbedarf, wie Toom. Mit über 15.000 Märkten ist die REWE-Group auf die Produktion von Gütern und das Angebot auf dem Markt sehr einflussreich.[4] Die REWE-Group bekannte sich dabei bereits in diesem Jahr, nachdem die EU-Kommission das Plastikverbot ankündigte, bis zum Jahr 2020 Einwegprodukte aus Kunststoff zu verbieten und dementsprechend aus dem Sortiment zu entfernen. Dafür sollen umweltschonende Alternativen aus Papier oder Weizengras auf den Markt kommen.[5] Dieses Umdenken der REWE-Group ist somit ein klares Bekenntnis für den Umweltschutz, was auch ihrem Geschäftsprinzip der Nachhaltigkeit entspricht. Um nun zu verstehen, wodurch es zu dieser Entscheidung kam und wie diese umgesetzt werden kann, muss man den Nachhaltigkeitsstrategiekreis der REWE-Group betrachten. Dieser Kreis steuert seit 2008 die Aktivitäten des Unternehmens und

---

1   Vgl. Augustin, Kathrin; Carlsen, Lina; Fiedler, Annemarie und weitere (2016)
2   Vgl. Hirschl, Bernd; Rubik, Frieder; Simshäuser, Ulla (2005), S. 20
3   Vgl. REWE-GROUP (2010), S. 44
4   Vgl. ebd. S.23ff.
5   Vgl. N-tv (2018)

definiert die Jahresziele, welche durch drei Schritte realisiert werden sollen. Dabei werden zu Beginn Mitarbeiter sowie relevante Stakeholder, welche zum Beispiel Aktionäre oder Lieferanten sein können, befragt. Bei einer dieser Befragungen zeigte sich, dass die REWE-Group sowohl Kunden, als auch die Partner bei der Produktion für den Konsum nachhaltiger Produkte sensibilisieren sollen. Als zweiten Schritt wurde dann dies als Ziel gesetzt und anschließend nach einer möglichst zeitnahen Umsetzung gesucht. Abschließend gibt es ein internes Reporting und externe Berichterstattung, ob das Ziel erreicht wurde.[1] Damit das formulierte Ziel erreicht werden kann, hat die REWE-Group den Vertragspartnern strengere Auflagen bei der Produktion gesetzt und bei Missachtung sogar mit Sanktionen gedroht.[2] Das bedeutet, wenn die REWE-Group ab 2020 Plastikeinwegprodukte verbieten und Alternativen anbieten möchte, dann sind die Vertragspartner dazu verpflichtet, Alternativen herzustellen, wodurch die Produzenten für den Konsum von umweltschonenden Produkten aufgeklärt werden. Nun wurde das Ziel formuliert die Plastikeinwegprodukte durch Alternativen zu ersetzen, wodurch jährlich über 42 Millionen Einwegplastikhalme gespart werden können.[3] Auch im Bereich von Plastikbesteck werden die Zahlen der Ersparnisse im Millionenbereich liegen. Wie sich diese Entscheidung letztlich auf den Umsatz des Unternehmens auswirken wird, ist ungewiss. Jedoch kann die REWE-Group sehr gut mit dieser Umweltfreundlichkeit für diese Produkte werben, da sie sich bereits vor dem Verbot dazu bekennen, das Plastik aus dem Sortiment zu entfernen. Diese umweltbewusste Entscheidung fördert somit das bereits positive Image der REWE-Group und ist ein Faktor, der den Käufer eher dazu veranlasst, die umweltfreundlichen Alternativen zu kaufen. Daher handelt die REWE-Group sehr ökoeffizient, da sie die Umweltbelastungen bei gleichzeitiger Maximierung des Gewinns minimieren möchten.[4] Jedoch können die Kosten der Produktion von den Plastikalternativen weitaus höher ausfallen, wodurch auch die Produkte zwangsweise teurer werden würden und die Nachfrage sänke. Das ist meiner Meinung nach allerdings unwahrscheinlich, da nachhaltige Produkte aus Papier oder ähnlichem nicht zwingend teurer sind als Produkte aus Plastik. Aber gewiss ist, dass sich das Angebot von Rewe oder Penny in den nächsten Jahren verändern wird. Die Absätze dieser Produkte hängen dabei stark von der Produktion dieser Plastikalternativen ab und inwiefern die REWE-Group es schafft, eine erfolgreiche Werbekampagne für diese Produkte zu starten. Zudem ist abzuwarten, ob die Beschaffenheit der Plastikalternativen vergleichbar gut mit der des Plastiks ist, was schwierig zu gestalten

---

1   Vgl. REWE-GROUP (2010), S. 43ff.
2   Vgl. ebd. S. 49
3   Vgl. N-tv (2018)
4   Vgl. Hübner, Renate; Himpelmann, Monika; Melnitzky, Stefan (2004), S. 19

ist, da Plastik synthetisch hergestellt und sehr gut an die Forderungen angepasst werden kann. Werden die Kriterien erfüllt, so hat die REWE-Group keine Verluste zu befürchten, sondern kann sogar mit Gewinn rechnen.

4.3 mögliche Auswirkungen des Verbots auf das Ökosystem Meer

Nun folgt natürlich die Frage, ob das Ökosystem Meer durch das aktuell beschlossene EU-Verbot von bestimmten Einwegplastikprodukten gerettet werden kann. Dieses Verbot dämmt den Plastikkonsum im Hinblick auf Plastikeinwegprodukte drastisch ein. Der Abfall dieser Produkte wird in den Haushalten nach dem Verbot gleich null sein, da sie nicht länger produziert werden und somit auch nicht gebraucht werden können. Auch die Sensibilisierung der Menschen ist ein sehr wichtiger Aspekt um den anfallenden Plastikmüll zu reduzieren. Das Verbot bezieht sich somit auf die zukünftige Sparsamkeit von Plastikeinwegprodukten, um so den anfallenden Müll an Plastik zu vermindern. Jedoch wird der Aspekt, wie man die 150 Millionen Tonnen Plastikmüll aus allen Ozeanen entfernen kann, komplett außer Acht gelassen und Kritik an diesem Gesetz gibt es bereits. So stellt zum Beispiel der Ressourcen-Experte am Öko-Institut Freiburg Georg Mehlhart die Relevanz von Plastikeinwegprodukten für die Meeresverschmutzung in Frage. Laut ihm gebe es größere Probleme und es wäre wichtiger, dass Plastikproblem auf allen Ebenen zu betrachten und Lösungsansätze einzuführen.[1] In dem Gesetz wird nichts über die aktuelle Verbesserung hinsichtlich des bereits in den Meeren vorhandenen Mülls geschrieben. Aus heutiger Sicht ist dies aber mindestens genauso wichtig, wie die Eindämmung des Plastikkonsums und des daraus resultierenden Plastikmülls in der Zukunft, da sich das Umweltproblem auf das vorherrschende Konsumverhalten zurückzuführen lässt.[2] Zudem werden die Ozeane durch andere Plastikprodukte, welche nicht verboten werden, ebenfalls belastet. Es gibt bei diesen Produkten keine Eingrenzung in der Produktion oder im Verkauf, da es keine umweltfreundlichen Alternativen gibt. Das heißt, dass sie weiterhin ungehindert und im vollen Umfang in die Meere oder Flüsse gelangen werden. Somit kann man nicht davon ausgehen, dass das Verbot das Ökosystem Meer vollkommen retten wird. Allerdings wird dieses Verbot dennoch positive Auswirkungen auf das Ökosystem Meer haben, da der Versuch, die Gesellschaft für umweltfreundliche Produkte zu sensibilisieren, durchaus Erfolg haben kann. Durch große und einflussreiche Einzelhandelskonzerne, wie Rewe, wird dieses Umdenken verstärkt, was schließlich

---

1   Vgl. Menn, Andreas (2018)
2   Vgl. Hirschl, Bernd; Rubik, Frieder; Simshäuser, Ulla (2005), S. 19

dazu führen kann, dass die Konsumenten verstärkt auf Plastik verzichten. Es lässt sich also sagen, dass dieses EU-Verbot auf jeden Fall einen positiven Effekt für die Meere haben wird, da der Hausmüll in Zukunft keine Plastikeinwegprodukte mehr enthalten wird.

4.4 andere Maßnahmen der Regierung + eigene Ideen

Das nun beschlossene Gesetz ist dabei nicht die erste Maßnahme der Regierung um das Plastikproblem zu beseitigen oder zumindest einzudämmen. Es gab bereits mehrere eingeführte Gesetze. So wurde bereits 1971 ein Umweltprogramm in der damaligen Bundesrepublik Deutschland eingeführt, um die Konsumenten für ein Bewusstsein für die Umwelt zu sensibilisieren und dadurch bereits Abfälle zu vermeiden. Allerdings wurde 1984 festgestellt, dass eine Verminderung von Abfällen nicht erreicht wurde.[1] In den 1980er Jahren wurden zudem erste ökologische Produktgestaltungen eingeführt, wie dem Ecodesign, nachdem keine Giftstoffe in den Produkten enthalten sein dürfen, sowie nur rezyklierbare Materialien verwendet werden dürfen.[2] Zusammenhängend mit dem Ecodesign ist dabei das Ökoeffizienzpotential, worüber jedes Produkt verfügt. Das Ökoeffizienzpotential von Gütern umschließt dabei die Reduzierung von Umweltschäden eines Produktes bei gleichzeitiger Maximierung des Gewinns. Wird das bestmöglich erreicht, so ist das Ökoeffizienzpotential eines Gutes ausgeschöpft. Das Ökoeffizienzpotential ist somit auch abhängig vom Hersteller, Verkäufer, Konsument und Entsorger. Die Herstellung des Produktes muss demnach genauso umweltgerecht sein, wie die Entsorgung, da sowohl das Konsumentenverhalten, als auch die Entsorgung wichtige Punkte sind, um das Ökoeffizienzpotential ausschöpfen zu können.[3] Allerdings wird dieses Konzept ebenfalls kritisiert, da es die wirklichen Ursachen der Umweltkrise nicht konkret thematisiert und sie vor allem dadurch nicht verhindert.[4] Eine weitere Maßnahme der Regierung war das Einführen der Verpackungsverordnung, kurz VerpackV, in den 1990er Jahren. Dabei sollte die Wirtschaft Verpackungsabfälle, wenn möglich, vermeiden und ansonsten verwerten statt zu entsorgen.[5] Die Abfälle sollten vermieden werden, indem die Größe der Verpackung auf das Nötigste beschränkt ist und wieder benutzt werden könnten.[6] 1992 wurde dann die Enquete-Kommission „Schutz des

---

1   Vgl. Brand, Karl-Werner (2002), S. 88
2   Vgl. Hübner, Renate; Himpelmann, Monika; Melnitzky, Stefan (2004), siehe Geleitwort V
3   Vgl. ebd. S. 5
4   Vgl. ebd. S. 21
5   Vgl. Ackermann, Christian (1996), S. 71
6   Vgl. Brand, Karl-Werner (2002), S. 58

Menschen und der Umwelt - Bewertungskriterien und Perspektiven für umweltverträgliche Stoffkreisläufe in der Industriegesellschaft" gegründet, welche Vorschläge zur Verbesserung der zukünftigen Nachhaltigkeit durch Problemlösungen erarbeiten sollte.[1] Durch die Enquete-Kommission wurden dabei grundlegende Regeln für die Ökologie festgelegt, wonach zum Beispiel die Abbaurate erneuerbarer Ressourcen nicht höher als die Regenerationsrate dieser Ressourcen sein darf.[2] Eine weitere Maßnahme wäre noch das EU-Grünbuch zur Integrierten Produktpolitik, welche ebenfalls das Ziel verfolgt, die Umweltauswirkungen von Produkten, während der Herstellung, Verwendung und Entsorgung, zu verringern. Dieses beinhaltet neben dem Ecodesign auch die Untersuchung des Verursacher-Prinzips bei der Preisgestaltung, was ökonomische Konzepte und Maßnahmen beinhaltet.[3] Die Integrierte Produktpolitik ist vor allem in Umweltaktionsprogrammen und in der EU-Nachhaltigkeitsstrategie in dem Bereich, wie man mit Ressourcen umweltbewusster umgehen kann, vertreten.

Sehr relevant im Bezug auf Plastik war ein Gesetzesentwurf im Jahre 2015, welcher zu einer Verringerung des Verbrauchs von Plastiktüten führen sollte. Dabei konnte jedes Land in der EU wählen, ob sie entweder die Anzahl der verbrauchten Plastiktüten bis zu einem bestimmten Datum senken oder diese nicht mehr kostenlos zur Verfügung stellen.[4] So gibt es in Deutschland seit längerem die Plastiktüte nicht mehr gratis dazu, sondern kostet Geld und zunehmend werden in Einzelhandelsläden auch nur noch Papiertüten angeboten.

Des Weiteren gibt es Umweltsteuern, die ein Verbraucher zahlen muss, wenn er zum Beispiel Strom benutzt. Nutzt er jedoch Strom aus erneuerbaren Energien, dann wird ihm diese Steuer erlassen. Das soll ebenfalls dazu führen, dass der Konsument eher auf erneuerbare Energien zurückgreift. Und dieses Prinzip könnte man ebenfalls auf Plastikprodukte anwenden, wie es bei der Plastiktüte ansatzweise schon passiert. Das bedeutet, dass man Plastik besteuert, wodurch Plastikprodukte teurer werden und die Nachfrage sinkt. Eventuell könnte man damit den Plastikkonsum reduzieren und Alternativen attraktiver machen, insofern welche vorhanden sind.

---

1   Vgl. Deutscher Bundestag (1994)
2   Vgl. Brand, Karl-Werner (2002), S. 345
3   Vgl. Hübner, Renate; Himpelmann, Monika; Melnitzky, Stefan (2004), S. 57f.
4   Vgl. Augustin, Kathrin; Carlsen, Lina; Fiedler, Annemarie und weitere (2016)

5 Fazit: Ist die Rettung des Ökosystems Meer möglich?

Fasst man nun alles zusammen, so lässt sich sagen, dass das nahezu ausschließlich synthetisch hergestellte Plastik eine sehr große Rolle in der Umweltverschmutzung spielt. Der größte Teil der Abfälle im Meer ist Plastik und somit ist die Frage nach Alternativen zu Plastik in den letzten Jahrzehnten immer wieder aufgekommen und versucht worden zu lösen.[1] Doch bislang nicht mit dem nötigen Erfolg, weshalb nun das neue Gesetz beschlossen wurde. Allerdings denke ich nicht, dass das Verbot von Plastikeinwegprodukten ausreicht, um das Ökosystem Meer zu retten, da es, wie bereits genannt, die aktuelle Situation in den Meeren nicht verbessert, sondern lediglich die Zukunft verbessern soll. Es fehlt somit komplett die Problembehandlung der aktuellen Situation in den Meeren und daher wird das Verbot keinen einschlägigen Erfolg in dem Thema Plastikverschmutzung haben. Allgemein ist es natürlich hilfreich, Geld in die Forschung von Alternativen zu investieren und Konsumenten auf die Probleme der Meere aufmerksam zu machen. Doch es fehlt weiterhin an Konzepten, um die vorhandenen 150 Millionen Tonnen Plastik aus den Meeren zu entfernen und das Mikroplastik aus Kosmetikprodukten oder Sonstiges zu ersetzen. Eine Möglichkeit wäre das nun gefundene Enzym, welches Plastik zu umweltfreundlichen Produkten abbaut, in den Meeren einzusetzen. Jedoch ist die Entdeckung noch zu früh um darauf aufzubauen. Meiner Meinung nach, wäre es wichtig auf Plastikprodukte eine Steuer zu erheben, um nicht nur Plastikeinwegprodukte zu reduzieren, sondern auch andere Plastikprodukte. Jedoch wäre damit das Ökosystem Meer immer noch nicht gerettet. Die zahlreichen Aktionen, in denen Organisationen stundenlang Müll aus den Ozeanen entfernten, erwiesen sich zwar als erfolgreich, aber ebenfalls als unzureichend, da die Dimension der Meeresverschmutzung viel zu groß ist. Noch dazu ist der Abfall dann wieder an Land und niemand weiß, wie er dann zu entsorgen ist. Das Plastikproblem ist somit ein Thema, welches noch sehr lange aktuell sein wird und die Meere noch Jahrhunderte schaden wird. Ich halte das EU-Verbot somit für einen hilfreichen Faktor für die Zukunft und einen weiteren sinnvollen Schritt der EU, allerdings fehlt der EU weiterhin die Konsequenz alle Plastikprodukte zu verbieten, damit das Ökosystem Meer gerettet werden kann. Aktuell bezieht sich das EU-Verbot nur auf Produkte, wo bereits günstige Alternativen vorhanden sind. Der EU ist also der ökonomische Aspekt wichtiger als der ökologische. Es müssen in den nächsten Jahren viele weitere technische Erfolge für Alternativen verzeichnet werden und weitere Einschränkungen im Thema Plastikkonsum erfolgen, damit die Meere jemals gerettet werden können

---

1   Vgl. Umweltbundesamt (2009), S. 4

und die Artenvielfalt in den Meeren wieder ansteigt. Dafür muss die EU-Kommission neue Ideen entwickeln, um das Leben der Konsumenten ohne Plastik nicht einzuschränken. Aktuell ist es jedoch sehr schwierig auf Plastik zu verzichten, was ich jeden Tag selbst miterlebe. Ein Einkauf ohne Plastik ist dabei nahezu unmöglich, da sämtliche Lebensmittel in diesem verpackt sind und man als Bürger selten weiß, wie man sparsam damit umgehen kann. Es gibt momentan zu wenig Alternativen, um auf Plastik verzichten zu können. Das wird in einem Versuch der Fernsehsendung „Galileo" deutlich, wo verglichen wird, wie lange ein ganz normaler Einkauf mit Plastik im Vergleich zu einem ohne dauert. Statt 90 Minuten dauerte der plastikfreie Einkauf ungefähr eine Woche, da man sämtliche Lebensmittel, wie Fleischprodukte, in der Regel nicht ohne Plastikverpackung bekommt. Allerdings kann jeder Mensch auf bestimmte Plastikprodukte verzichten, indem er zum Einkaufen Aluboxen mitnimmt oder Obst und Gemüse einfach lose einkauft. Werden die Menschen für solche Tätigkeiten motiviert, dann könnte das Meer durchaus gerettet werden. Abschließend lässt sich also sagen, dass die Meere noch nicht vollständig verloren sind, aber das aktuelle EU-Verbot noch nicht ausreicht, um die Meere zu retten. Es bedarf mehr solcher Verbote und Regelungen und jeder Mensch muss umdenken, damit die Belastung der Meere durch Plastik aufhört. Zudem muss das entdeckte Enzym weiter erforscht werden, damit die 150 Millionen Tonnen in den Meeren abgebaut werden und sich das Meer wieder erholen kann.

Literaturverzeichnis

Ackermann, Christian: Recycling von Kunststoffen: *eine ökonomische und ökologische Betrachtung des Recyclings von Kunststoffabfällen aus langlebigen Gebrauchsgütern der Branchen Automobil- und Elektroindustrie.* Berlin: Erich-Schmidt-Verlag, 1996.

Boote, Werner: Plastic Planet: *die dunkle Seite der Kunststoffe.* Freiburg im Breisgau: orange-press, 2010.

Brand, Karl-Werner: Nachhaltigkeit und abfallpolitische Steuerung: *der Umgang mit Kunststoffabfällen aus dem Verpackungsbereich.* 1. Auflage. Berlin: Analytica Verlagsgesellschaft, 2002.

Brückl, Edgar u.a.: Elemente Chemie 2. 1. Auflage. Stuttgart: Ernst Klett Verlag GmbH, 2010.

Gonstalla, Esther: Das Ozeanbuch. München: oekom verlag, 2017.

Hirschl, Bernd; Rubik, Frieder; Simshäuser, Ulla: Integrierte Produktpolitik als umweltpolitische Gestaltungsaufgabe und neue Herausforderung für die Nachhaltigkeitskommunikation: *Kooperationsansätze für Nachhaltigen Konsum am Fallbeispiel Polstermöbel.* Berlin: Institut für ökologische Wirtschaftsforschung (iöw), 2005.

Hübner, Renate; Himpelmann, Monika; Melnitzky, Stefan: Ökologische Produktgestaltung und Konsumentenverhalten: *Quo vadis Ecodesign? Die Ausschöpfung des Ökoeffizienzpotentials von Gütern durch KonsumentInnen und Logistik als Konsum-begleitende Dienstleistung in einer Integrierten Produktpolitik.* Frankfurt am Main: Lang, 2004.

REWE-GROUP: Nachhaltigkeitsbericht: *Eine Frage der Werte*, Band 2009/2010, Köln: [s.n.]

Rubik,Frieder; Scheer,Dirk: Integrierte Produktpolitik (IPP) in ausgewählten Ländern Europas: *Stand,Entwicklung und Perspektiven.* Berlin: Institut für ökologische Wirtschaftsforschung (iöw), 2005.

Quellenverzeichnis

Europäische Kommission (2018): „Kommission legt europäische Plastikstrategie vor"
URL: https://ec.europa.eu/germany/news/20180116-plastikstrategie_de
[Stand: 14.09.2018, 15.00 Uhr]

Europäische Kommission (2018): „Schutz der Meere: *Kommission will Einwegplastik-Produkte vom Markt nehmen*"
URL: https://ec.europa.eu/germany/news/20180528-einwegplastik_de
[Stand: 04.10.2018, 16:30 Uhr]

Umweltbundesamt (2009): „Abfälle im Meer - ein gravierendes ökologisches, ökonomisches und ästhetisches Problem : zur Umsetzung der Meeresstrategie-Rahmenrichtlinie."
URL: https://digital.zlb.de/viewer/rest/image/33654416/3900.pdf/full/max/0/3900.pdf [Stand: 15.9.2018, 18:00 Uhr]

Umweltbundesamt (2015): „Ein Meer von Kunststoffen"
URL: https://www.umweltbundesamt.de/themen/wasser/gewaesser/meere/nutzung-belastungen/muell-im-meer [Stand: 26.10.2018, 21:00 Uhr]

N-tv (2018): „Abschied vom Wegwerf-Plastik: Rewe stellt Einweg-Trinkhalm-Verkauf ein"
URL: https://www.n-tv.de/wirtschaft/Rewe-stellt-Einweg-Trinkhalm-Verkauf-ein-article20512652.html [Stand: 26.10.2018, 13:00 Uhr]

Menn, Andreas (2018): „Warum das neue Plastik-Verbot nichts nutzen wird"
URL: https://www.euractiv.de/section/energie-und-umwelt/news/warum-das-neue-plastik-verbot-nichts-nutzen-wird/ [Stand: 22.10.2018, 14:00 Uhr]

Ehrenstein, Claudia (2018): „So sollen die Deutschen vom Plastik entwöhnt werden"
URL: https://www.welt.de/politik/deutschland/article177053578/EU-Verbotsplaene-Mit-intelligentem-Plastik-gegen-die-Muellflut.html
[Stand: 23.10.2018, 22:08 Uhr]

Augustin, Kathrin; Carlsen, Lina; Fiedler, Annemarie und weitere (2016): „Das kommt mir nicht in die Tüte! Plastik und unsere Wegwerfgesellschaft"
URL:https://sustainablefutures.blogs.uni-hamburg.de/mitdenken/paper/einkaufstueten/index.html?p=0
[Stand: 26.10.2018, 22:20 Uhr]

Senatsverwaltung für Umwelt, Verkehr und Klimaschutz: „Abfallentsorgung" (o.J.): „Abfallentsorgung: *Deponien*"
URL:https://www.berlin.de/senuvk/umwelt/abfallwirtschaft/de/deponien/ablagerung_III.shtml [Stand: 03.12.2018, 20:21 Uhr]

Dr. Lippold, Björn (1997-2018): „Kunststoff"

    URL: http://www.chemie.de/lexikon/Kunststoff.html#Dichte_und_Festigkeit

    [Stand: 22.9.2018, 20:00 Uhr]

Friebe, Richard; Meier, Albrecht; Neuhaus, Carla (2018): „Plastik-Verbot soll Müll in

    Europa reduzieren"

    URL: https://www.tagesspiegel.de/politik/eu-parlament-stimmt-ueber-richtlinie-

    ab-plastik-verbot-soll-muell-in-europa-reduzieren/23221208.html

    [Stand: 25.10.2018, 16:00 Uhr]

Deutscher Bundestag (1994): „Bericht der Enquete-Kommission: Schutz des

    Menschen und der Umwelt - *Bewertungskriterien und Perspektiven für*

    umweltverträgliche Stoffkreisläufe in der Industriegesellschaft"

    URL: http://dip21.bundestag.de/dip21/btd/12/082/1208260.pdf

    [Stand: 29.11.2018, 18:00 Uhr]

Bertling, Jürgen (o.J.) : „Zersetzung von Kunststoffen"

    URL: https://www.initiative-mikroplastik.de/index.php/themen/zersetzungskinetik

    [Stand: 20.11.2018, 20:00 Uhr]

Fischer, Linda (2018): „Bedrohte Riffe: *Plastik macht Korallen krank*"

    URL: https://www.msn.com/de-de/nachrichten/wissenundtechnik/bedrohte-riffe-

    plastik-macht-korallen-krank/ar-AAvbJlu [Stand: 10.11.2018, 18:00 Uhr]